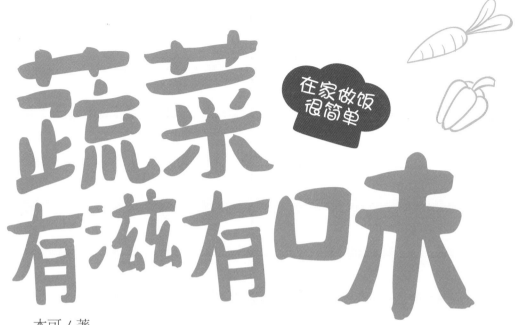

蔬菜有滋有味

在家做饭很简单

木可 / 著

U0287355

浙江出版联合集团

浙江科学技术出版社

依稀记得小时候，比灶台高不了多少的我站在小板凳上，第一次毫无章法地做红烧肉。也许从那时起我便与厨房结下了不解之缘，虽然直到儿子出生，我才真正开始在厨房淋漓尽致地挥洒我对于烹饪的热情。

也许烹饪对于许多人来说，只是生活中一件再普通不过的事，就好像吃饭、睡觉一样，平常到不能再平常，却又不得不做。但对于我来说，这是生活里不可或缺的一部分，在厨房里我找到了人生的乐趣，我存在的价值就在锅碗瓢盆、油盐酱醋中一点一点体现出来。我也总是在一道道色香味俱全的菜肴上桌之后，感到无比心安和满足。

从小我就是一个不善言辞的人，心里的千句话语、万种想法都找不到出口，而厨房是个有魔法的地方，它带我走向更宽广的世界，让我可以用一道道菜肴与各种各样的人进行着无比流畅的沟通与交流。厨房让我的生活闪闪发亮，让我变得光芒万丈！

人生是需要信仰的，有了信仰才会活得清明。厨房和烹饪就是我的信仰，在那里我得到了很多很多，工作的，生活的，情感的。人们常常会给自己的人生作出许多假设，我也常常假设，但从不后悔。也许每天油盐酱醋茶的生活并不是最好的，却是我喜欢和想要的。我要感谢生命里的每一个人，因为你们，我可以做想做的事，过想过的生活！

每每想到为了这几本美食书的制作和拍摄在厨房里挥汗如雨的日子，我的心就无比充盈。第一次出版这样的美食书，一切都不是最完美的，甚至略显青涩，但每一道菜都是我用心谱写的，从构思到制作再到拍摄。希望我的用心和对生活的态度能够通过一道一道的菜谱传递给翻开这本书的你！

木可

2015年12月

蔬菜也要滋味十足，
好吃不长肉！

目录 MULU ·

Part 2
舌尖上的舞蹈　047

Part 3
甜蜜的季节 083

Part 4

酱出好滋味 115

Part 1

味蕾上的春天

　　常常想起小时候和奶奶一起度过的春天，当第一缕春风吹暖脸庞的时候，在厚厚的棉袄里藏了一整个冬天的我，终于能撒开脚丫子在田野里狂奔了。春天阳光满满的田野里已是各种深深浅浅的绿色，蚕豆开出了美丽的紫色花朵，马兰和荠菜也已经在各个角落悄悄地探出了脑袋。小时候家里没有那么丰富的吃食，但各种新鲜的蔬菜和野菜倒也使生活不显得贫乏。奶奶做的葱油蚕豆和清拌马兰，那种清鲜的滋味一直留在了记忆里，以至于在之后的很多年我都在寻找那种味道！

爱上秋葵的 N 个理由：凉拌秋葵

　　我很喜欢秋葵的外形，乍一看以为是辣椒，横着切开却是一颗颗星星，太美好了！第一次做秋葵，选了凉拌的做法，因为很希望味蕾能和秋葵来一次纯粹而清爽的接触。事实的确没有让我失望，秋葵脆嫩多汁，滑润不腻，其独特的香味真的把我征服了。

材料   秋葵 200 克，胡萝卜 70 克，蒜 1 瓣

调料   盐 1 茶匙，糖 1 茶匙，葱油 2 汤匙，
米醋 1/3 汤匙

❶ ···

　　秋葵洗干净，加入开水锅焯烫 1 分
钟左右。

❷ ···

　　胡萝卜用饼干模切成五角星状，也
加入开水锅焯熟。

❸ ···

　　秋葵过冷水后用凉开水冲洗一下，
去蒂横切成小片。

❹ ···

　　将秋葵和胡萝卜加蒜末和所有调料
拌匀即可。

厨艺笔记

1. 秋葵焯好水再切，可以保证营养不流失，焯水也更方便。
2. 焯水时加少许盐，能使秋葵的颜色更绿。焯水时间不要太长，否则会影响秋葵
   的颜色、形状、口感。
3. 没有葱油可用橄榄油代替。
4. 蒜和米醋会为这道菜增色不少，都不能省。

缤纷营养汤羹：田园蔬菜汤

　　小时候我和很多小孩子一样都不爱吃蔬菜，总觉得蔬菜寡淡无味，难以下咽，这和那时候的烹饪习惯有关系。那时做菜并没有这么多花样，蔬菜除了炒还是炒，不会变换做法，也不懂搭配。随着生活水平的提高，家庭烹饪也越来越讲究，除了色香味之外，也更讲究营养的均衡，这道田园蔬菜汤就这样应运而生了。几种颜色各异的蔬菜放在一起煮，不仅营养好，味道也不再单调寡淡了。

材料　番茄1个，玉米1根，洋葱1/4 | 调料　盐3茶匙，水5碗
个，莴笋半根，胡萝卜半根，草
菇100克

❶

番茄和洋葱切丁，莴笋和胡萝卜切
滚刀块，玉米切块备用。

❷

草菇对半切开焯水备用。

❸

砂锅加油烧热，倒入洋葱炒出香味，
再倒入番茄炒成糊。

❹

加水煮开后加入所有材料，转中火
煮10分钟左右。

❺

出锅前加盐调味。

厨艺笔记

1. 草菇要焯水以去土腥味。
2. 蔬菜的软烂程度可以自由掌握。

春季专属创意菜：芦蒿浓汤

　　芦蒿也和香菜、药芹一样，有种特殊的气味，让人产生截然不同的喜恶。很庆幸我们全家都爱极了这种味道。南京一带盛产芦蒿，芦蒿炒香干尤为出名。这道芦蒿浓汤算是芦蒿菜系里面的创意菜，虽然是浓汤，可采用的完全是中式的食材和中式的做法，没有添加过多的调料，保留了芦蒿特有的清香，清爽而健康，嫩嫩的绿色也会让你食欲大增。

材料　芦蒿 150 克，土豆 150 克，高汤
　　　3 碗

调料　盐 1.5 茶匙

1 ....

芦蒿切段，土豆切丁备用。

2 ....

土豆倒入油锅，小火炒至软烂，再
倒入芦蒿略炒。

3 ....

倒入高汤煮开。

4 ....

连汤带汁一起倒入料理机打成糊。

5 ....

将浓汤重新入锅煮开，加盐调味
即可出锅。

厨艺笔记

1. 芦蒿翻炒的时间不要太长，以保
　证其碧绿的颜色。
2. 不要加其他味重的辅料，如葱、
　姜等，保证芦蒿的原汁原味。
3. 没有高汤可以用水或牛奶代替。

从小吃到大的清鲜滋味：葱油蚕豆

有些食物经过了时间的沉淀之后，会越发地美味到让人怀念，蚕豆便是如此。小时候的蚕豆是自家种的，我看着它们从一棵棵很小的蚕豆苗慢慢长大，然后开出淡紫色的花，最后结出一个个可爱的蚕豆荚。我跟着奶奶一起采蚕豆，一起剥蚕豆。新鲜的蚕豆用菜籽油爆过之后加一点点盐，淡淡的咸味里带着一丝丝甜，又香又糯，这味道至今都留在我的记忆里，难以忘怀！

材料　蚕豆 500 克，葱 30 克

调料　盐 1.5 茶匙，糖 3 茶匙，水半碗

1

蚕豆洗净沥干，油锅多倒些油烧热，倒入蚕豆翻炒。

2

大火翻炒至蚕豆基本都爆开。

3

加调料炒匀，稍煮几分钟，出锅撒入葱花。

厨艺笔记

1. 蚕豆不能选太老的，否则影响口感。
2. 炒蚕豆的油要多一些，高温才能把蚕豆迅速爆开，才容易入味。
3. 水不要太少，蚕豆浸在汤汁里才更好吃。葱的量也不能太少，这样才能有浓郁的葱香味。
4. 最后煮的时间要掌握好，既要入味，又要保持蚕豆鲜绿的颜色。
5. 这个口味是偏甜的江南口味。

韩剧衍生的简单美食：蛋煎西葫芦

　　大概女生都喜欢看韩剧的吧，只是比起小女生来，我们这样煮妇级的剧迷除了关注剧情之外，关注更多的是里面的美食。电视剧里的东西总是很好吃的样子，也总能让我们口水直流。如果实在馋不过，就自己做吧。这道菜应该算韩食里相对简单的一道了。做好之后，可以根据我们的饮食习惯配上番茄酱吃，也可以像韩剧里那样蘸着辣酱吃。

材料　西葫芦、鸡蛋、面粉适量　　　　　　**调料**　椒盐少许

❶

　　西葫芦洗净切片。

❷

　　面粉加椒盐拌匀，鸡蛋打散备用。

❸

　　将西葫芦均匀地沾上面粉，再均匀地沾上蛋液，入油锅煎至两面金黄即可。

厨艺笔记

1. 西葫芦片不要切得太薄，否则煎好后会变得软塌塌的，影响外观；也不要太厚，否则不容易煎熟。
2. 面粉和椒盐的比例约为 5 : 1。
3. 应用小火煎，防止煳锅。
4. 煎好后可以用厨房纸巾吸去多余的油后再吃，趁热吃更好，还可以配番茄酱吃。

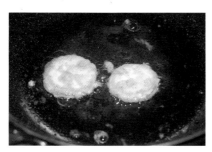

江南独有的时鲜小炒：葱香菱角

我一直记得小时候划着木盆采菱的时光，刚出水的菱角鲜甜水嫩，总忍不住吃了一个又一个。现在已经很多年没有吃到这样新鲜的生菱角了，因此每到江南的采菱季，偶尔在菜场看到小巧的四角菱，总是忍不住买来。菱角多半是煮熟了吃的，偶尔像这样切了片炒着吃，新鲜脆嫩的菱角裹着葱香，倒略有一些当年吃过的生菱角的鲜甜味道。

材料　菱角 250 克（去壳后的重量），
　　　葱适量

调料　盐半茶匙，糖 1/3 茶匙

❶

菱角去壳后把表面黄色的膜刮干净。

❷

将洗净沥干水分的菱角切成薄片。

❸

油锅烧热后倒入菱角略炒，加调料
炒匀。

❹

出锅前撒入葱花炒匀即可。

厨艺笔记

1. 菱角表面的膜要去除干净，否则会有涩味。
2. 炒的时间不要太长，以保持菱角的脆嫩。
3. 葱要多一些，这样会更香。

菌菇的万千滋味：菌菇汤

　　我曾经在饭店喝过一次菌菇汤，之后便一直念念不忘。饭店的菌菇汤是用比较珍贵的干菌菇煮的，其实试过之后才知道，用平价的鲜菌菇煮出来的菌菇汤也一样鲜美。这道菌菇汤除了盐和葱花之外没有加任何调料，只凭借菌菇自身的清鲜就足以让汤鲜美无比。不过记得一定要入一下油锅，少了这道工序，菌菇汤会显得有些寡淡。

材料　鲜香菇 50 克，蘑菇 50 克，海鲜
　　　菇 50 克，秀珍菇 50 克，杏鲍菇
　　　50 克，姜、蒜、葱适量

调料　盐 2 茶匙，水 4 碗

1

　　所有菇类清洗干净，香菇和蘑菇切片，其他三种菇撕成小条。

2

　　所有菇类焯水后用冷水冲洗，并充分挤干水分。

3

　　油锅入蒜和姜爆香后，倒入菇类炒出香味。

4

　　加水煮开后转小火再煮半小时左右。

5

　　出锅前加盐调味，并撒入葱花。

厨艺笔记

1. 菇类可以任意选择，最好不要少于 3 种。
2. 焯水是为了去除菇类的土腥味。
3. 菇类一定要过油再煮，这样味道才会鲜美浓郁。
4. 葱、姜、蒜能更好地激发出菇类的鲜味，不要省。

老少皆宜的清新小食：菠菜烙

儿子小时候不爱吃蔬菜，尤其是像菠菜这样的绿叶菜，因此我总是想尽办法让儿子喜欢吃蔬菜。有时我会把蔬菜做成馄饨或饺子，有时我会把蔬菜烙成饼，有时我会把蔬菜做成丸子。像这样用鸡蛋和菠菜做成的菠菜烙，儿子也很喜欢吃。做好的菠菜烙配上自己喜欢的蘸料，作为宴客的小菜也是很惊艳的！

材料　菠菜 100 克，鸡蛋 2 个

蘸料　香油 1 汤匙，生抽 1 汤匙，醋 1 汤匙，
　　　糖 1 茶匙，葱花适量

调料　淀粉 2 茶匙，盐半茶匙

1

菠菜入沸水锅焯烫后过冷水，挤干水分，备用。

2

淀粉加少许水化开后，加入鸡蛋和盐充分打匀。

3

碗内铺保鲜膜，倒入蛋液，再均匀地放入切段的菠菜。

4

放入沸水锅蒸 10 分钟左右。

5

放凉后切块，配蘸料吃即可。

厨艺笔记

1. 菠菜焯水时间不要过长，后面还要蒸，时间长了会发黄。
2. 淀粉的加入会使口感更蓬松。
3. 配蘸料吃更美味，蘸料的口味可随自己的喜好调整。

暖心暖胃的感冒餐：西芹米糊

　　这道汤羹是专门为儿子量身定做的感冒餐。生病的时候总是没什么胃口，儿子喜欢喝米糊，于是在普通米糊的基础上加了清热解毒的西芹。为了让米糊更有味道，还加了煮排骨的汤。煮好的米糊是淡淡的绿色，很清新，看上去也很开胃。尤其在冬天的时候，来上这么一碗米糊，浑身都暖暖的，感冒也好了大半。

材料　西芹 150 克，高汤 300 克，米粉　　调料　盐适量
　　　30 克

❶ ....

西芹撕去茎，洗净切成小段。

❷ ....

西芹加高汤入料理机打成西芹汁。

❸ ....

用一点点西芹汁把米粉调成糊状。

❹ ....

将西芹汁和米糊混合均匀倒入锅内，
边煮边搅拌，直到变成黏稠光滑的米糊，
出锅前根据口味调入盐。

厨艺笔记

1. 没有高汤可以用水代替，但用高汤味道更好。

2. 用这个配方做出来的米糊比较稠，喜欢稀一点的可以增加汤的用量。

3. 调米糊时，不要一次性把米粉和西芹汁混合，这样容易形成粉疙瘩，少量多次
　 添加西芹汁才能调出光滑细腻的米糊。

4. 煮的时候一定要边煮边搅拌，否则容易糊底。

清肠减脂的清新小炒：清炒时蔬

　　逢年过节总是免不了大鱼大肉，嘴巴过足了瘾，却给肠胃带来了很大的负担。于是节后清肠减脂也成了一种饮食时尚。除了一些能清火的汤汤水水，新鲜蔬菜瓜果也是必不可少的。这道清脂菜就选了4种不同颜色的蔬菜，只用一点点盐调味，却也是清鲜美味，不仅补充了足够的膳食纤维和多种营养元素，其清新的颜色也会带来一种视觉上的享受！

材料　山药 100 克，胡萝卜 100 克，四
　　　季豆 100 克，黑木耳 6 克

调料　盐 1 茶匙，糖半茶匙

❶

将山药、胡萝卜、四季豆分别切斜段。

❷

黑木耳用冷水泡发后撕成小块洗净，
挤干水分备用。

❸

油锅里先倒入四季豆煸炒至断生。

❹

继续倒入胡萝卜翻炒至熟。

❺

最后倒入山药和黑木耳炒熟，并加
盐和糖调味。

厨艺笔记

1. 各种时蔬一起炒，滋味本身就很
　 清新，不需要太多的调料。
2. 炒菜的山药应选脆的那种。
3. 各种蔬菜煮熟的时间不同，所以
　 入锅的先后顺序不要搞错。

清淡佐粥小菜：凉拌白菜

很喜欢"清粥小菜"这种饮食状态。从前它只是每家饭桌上再平常不过的饮食，而在这个食物品种越来越丰富的年代，"清粥小菜"却显得愈发珍贵。而且它也代表了人到一定年龄之后的心态，不再喜欢灯红酒绿的浮华，而是享受这种清爽利落的恬淡，花一些时间熬上一锅香浓的粥，配上自己亲手制作的几碟小菜，幸福温暖也不过如此。

材料　白菜600克，红椒半个

调料　葱油2汤匙，盐3茶匙，糖2茶匙，醋半汤匙，香辣豆豉酱半汤匙

1

白菜切细丝，加2茶匙盐拌匀，腌制半小时以上至充分出水。

2

红椒切丝，加少许盐腌出水分。

3

将白菜丝和红椒丝充分挤干。

4

加入所有的调料拌匀即可。

厨艺笔记

1. 白菜的腌制时间要长一些，要把水分都腌出来，拌之前水分也要充分挤干，这样口感才脆爽。
2. 调料可以根据自家的口味调整。
3. 用葱油拌比较香，没有的话可以用香油或橄榄油代替。

清新可口的小点心：鲜蔬蛋卷

这是我家小朋友很喜欢的一道小点心，可以作为早餐，也可以作为小点心。做法很简单，唯一的难点是要将蛋皮摊得漂亮。其实这并没有什么窍门，熟能生巧而已，按照步骤来做，多试几次就一定会成功。蔬菜的品种可以根据喜好来改变，卷烫熟的金针菇也很不错。

材料　鸡蛋、黄瓜、胡萝卜适量

调料　沙拉酱适量

❶

将鸡蛋充分打散。

❷

不粘锅用厨房纸巾抹一层油，倒入蛋液转匀后开小火烙至凝固。

❸

在摊好的蛋皮上挤上沙拉酱。

❹

摆上切丝的黄瓜和胡萝卜。

❺

均匀地卷起，切段装盘即可。

厨艺笔记

1. 1 个或 1.5 个鸡蛋摊一张蛋皮，厚薄正好。
2. 油只要用厨房纸巾薄薄抹一层即可。
3. 应待蛋液转匀后再开火。
4. 蔬菜可以换成自己喜欢的品种。

食物的美妙碰撞：蒜香胡萝卜

　　这是再平常不过的一道菜，我却对它钟爱有加。有些食物本身很普通，但和另外一些食物碰撞在一起会有美妙的化学反应，胡萝卜加上春天特有的新鲜青蒜便是这样。胡萝卜一定要切片，蒜必须是春天刚出的水水嫩嫩的青蒜，胡萝卜片在油里爆炒过后带着一层黄澄澄的油花，最后撒下的青蒜叶会将胡萝卜咸中带甜的清鲜味道触发得淋漓尽致。

材料　胡萝卜 200 克，青蒜 30 克

调料　盐 1 茶匙

1 ....

将胡萝卜洗净，斜着切成段。

2 ....

将切斜段的胡萝卜立起来切成薄片，即成菱形。

3 ....

将青蒜的蒜白和叶子分别切成段。

4 ....

将蒜白倒入油锅爆香，再倒入胡萝卜片稍微翻炒一下。

5 ....

加盐和蒜叶炒匀即可。

厨艺笔记

1. 青蒜不要放太少，多一些才香。
2. 胡萝卜翻炒的时间不要太长，这道菜要有些脆爽才好吃！

手撕的更好吃：手撕杏鲍菇

　　杏鲍菇一直是我家最受欢迎的蔬菜之一，做法也很百变，可以炒菜、炖汤，还可以这样凉拌。用自己熬的葱油来拌这道菜特别香，当然也可以换成其他油，但会因此失色很多。另外，从营养的角度来说，手撕能更好地保留蔬菜的营养，因为用刀切会破坏蔬菜的细胞结构，从一定程度上也破坏了蔬菜的营养。而且手撕的纹理更容易吸收调料的味道，因此用手撕往往更加入味。

材料　杏鲍菇2根，葱适量

调料　葱油2汤匙，盐半茶匙，糖1茶匙，
　　　生抽半汤匙，米醋1/3汤匙

①

杏鲍菇用刀背拍散，再按纹理撕成丝。

②

锅内水烧开，倒入杏鲍菇焯熟后捞出放凉。

③

将放凉的杏鲍菇彻底挤干水分。

④

加葱花和所有调料拌匀即可。

厨艺笔记

1. 杏鲍菇焯水后会缩水很多，2根才能拌一小碗。
2. 葱油可以用香油或橄榄油代替，但葱油更香。
3. 米醋只要一点点就行，以增加味道的层次。
4. 焯过水的杏鲍菇一定要充分挤干，这样才能充分吸收调料。

酸甜可口下饭菜：番茄烩花菜

　　番茄因为其丰富的营养、刺激味蕾的酸甜口感，一直以来都备受人们宠爱。番茄做的菜在我家总是特别受欢迎，即使用它来搭配蔬菜也是如此，再寡淡的食物配上番茄总能变得鲜活起来，光看颜色便已经让人胃口大开了。

材料　花菜400克，番茄400克（2个），　　调料　盐1.5茶匙，糖2茶匙
　　　　葱、蒜适量

 花菜掰成小块后焯熟备用。

❷　油锅爆香蒜末后，倒入切丁的番茄
翻炒成糊。

❸　倒入沥干水分的花菜，并加入所有
调料煮至入味。

❹　出锅时撒上葱花即可。

厨艺笔记

1. 喜欢花菜脆一些的，焯水时间可以短一些，焯熟即可；喜欢软一些的，焯水时
　 间可以适当长一些。

2. 番茄要选熟一些的，这样更容易炒成糊，也可以用番茄酱代替。

咸蛋黄入菜的独特魅力：

  我家先生对肉食挑剔，但很少有不喜欢吃的蔬菜，唯独丝瓜是个例外，他说不喜欢丝瓜的味道。丝瓜清炒或煮汤时是会有一些青涩味，于是我试着改良丝瓜的做法，做了一道比较重口味的丝瓜菜，不仅加了上汤菜必用的皮蛋和香肠，还加了又润又香的咸蛋黄。浓浓的咸蛋黄很轻易就盖过了丝瓜的青涩味，先生尝过之后，虽没说喜欢，倒也不排斥了。

材料　丝瓜 200 克，咸蛋黄 3 个，皮蛋　　　调料　盐 1 茶匙，糖半茶匙，水 2 碗
　　　 1 个，香肠半根，蒜 2 瓣

1

　　皮蛋和香肠切丁，蒜切末，咸蛋黄
碾碎备用。

2

　　丝瓜切滚刀块焯水备用。

3

　　将皮蛋和香肠倒入油锅，炒香后盛
出备用。

4

　　将蒜末入油锅爆香，加入咸蛋黄，
小火慢慢炒散至起泡。

5

　　加水煮开后，倒入丝瓜、皮蛋、香肠，
并加调料煮匀即可。

厨艺笔记

1. 要选很沙很油的那种咸蛋黄，这
样汤才更香浓。事先用勺子碾碎
咸蛋黄会更容易炒制。

2. 咸蛋黄加水煮开后会有泡沫，可
以撇掉。

一定要推荐的菜：上汤时蔬

　　我曾经在饭店吃过一道类似的菜，一直念念不忘。回家后按自己的想法重新构思了这道菜，把汤底换成了酸甜可口的番茄汁，还加了些牛奶，味道浓郁带点奶香，光汤汁就很好喝。三种味道各异的食材的加入，不仅让这道菜的味道更丰富，而且营养也更足了。虽然只是一款简简单单的素食，但相信它的样子和味道都会让你深深爱上。

材料　番茄1个，豆腐1块，蘑菇100克，
　　　芦笋100克

调料　盐2茶匙，糖2茶匙，水1碗，
　　　牛奶半碗

1

芦笋削去老皮切段，蘑菇切片，分别焯水备用。

2

将豆腐切成稍薄的块，入油锅煎至两面金黄盛出备用。

3

将番茄切成小丁，入油锅炒成糊。

4

加水煮开后加入豆腐并加调料调味。

5

煮至豆腐入味后，加入芦笋和蘑菇，并调入牛奶略煮即可。

厨艺笔记

1. 将芦笋焯水可以去除青涩味，将蘑菇焯水可以去除土腥味。
2. 番茄应选熟一些的，更容易炒成糊。
3. 牛奶要最后加，提前加煮久了的话，牛奶里的蛋白质容易凝固。
4. 水也可以换成高汤，味道更好。

营养与味道的平衡：炝拌金针菇

　　金针菇常被称为"益智菇"，因为它含锌量比较高，很适合智力发育中的小朋友，而凉拌的做法最能保留金针菇的营养价值。虽然是凉拌，但最后一步的热油是不能省的。因为热油能激发葱和蒜的香味，让这道清淡的菜肴多了一丝烟火味，也在一炝一拌之间找到了营养和味道的平衡点。

材料　金针菇300克，葱、蒜、红辣椒
　　　适量

调料　盐1茶匙，糖2茶匙，生抽半汤匙，
　　　醋半汤匙

1

葱和蒜切末，辣椒切段备用。

2

金针菇切去老根，入开水锅焯烫半
分钟左右。

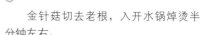

3

放凉后的金针菇挤干水分。

4

加葱末、蒜末、辣椒和所有调料。

5

浇上烧热的油拌匀即可。

厨艺笔记

1. 金针菇焯熟即可，时间不要过长，
　以保证鲜嫩口感。
2. 热油尽量浇在葱、蒜末上，以激
　发葱和蒜的香味。

Part 2

舌尖上的舞蹈

印象中江南的菜总是很清淡的，但不知从什么时候开始，那些麻辣鲜香的味道慢慢出现在江南饭店的菜单上，各种菜系的饭店也如雨后春笋般出现在江南的街头巷尾，缕缕飘出的浓郁香气让我们置身其中无法抗拒。渐渐地那些原本不属于江南的味道不知不觉地征服了我们的胃，以至于现在家里的饭桌上也常常会出现依葫芦画瓢的惹味菜肴，习惯了清淡口味的我们偶尔也十分享受这种舌尖上的舞蹈！

百吃不厌的快手下饭菜：豆豉炒三丝

　　这道菜做起来很简单，食材也都是不太容易变质的，家里可以常备些，想吃或没菜的时候，就拿来炒一下，十几分钟的时间，一道香气浓郁、让人胃口大开的菜就上桌了。土豆炒胡萝卜丝以前家里常吃，有时也会放点榨菜丝，加豆豉是我心血来潮的做法，结果却很让人惊喜。加了豆豉的三丝充满了浓郁的酱香，很是下饭。

材料　土豆 250 克，胡萝卜 150 克，榨
　　　菜丝 50 克，豆豉 30 克

调料　盐 1 茶匙，糖 1 茶匙

❶

土豆切细丝后泡在水里，泡去表面多余的淀粉。

❷

胡萝卜切丝备用。

❸

油锅烧热后，倒入沥干水分的土豆丝和胡萝卜丝翻炒至断生。

❹

倒入豆豉翻炒。

❺

最后加入榨菜丝以及调料炒匀即可。

厨艺笔记

1. 豆豉和榨菜丝都有咸味，所以盐的用量要酌情增减。

2. 土豆和胡萝卜的炒制时间根据个人喜好调整，喜欢脆一点的，时间可以短一些；喜欢软一点的，时间可以久一些。

冬日暖身汤：罗宋汤

　　罗宋汤是一道西式的浓汤，以番茄或番茄酱为主要调味料，搭配各种蔬菜、肉类等熬煮而成，营养丰富，味香醇厚。现在罗宋汤经由各种渠道进入了千家万户，做法也是千差万别。其实罗宋汤的做法本身就很随意，除了番茄做的汤底以外，其他都可以随意变换，加肉或者纯蔬菜都是不错的尝试。罗宋汤特别适合冬天食用，这样一碗热腾腾的汤喝下去，一切都妥帖了。

材料　番茄3个，胡萝卜半根，土豆半个，
　　　洋葱半个，西芹3根

调料　盐3茶匙，糖4茶匙，水6碗

① ....
胡萝卜、土豆和西芹切小丁备用。

② ....
将切丁的洋葱倒入油锅爆香。

③ ....
倒入切丁的番茄炒成糊状。

④ ....
加水煮开后倒入胡萝卜和土豆，转
小火煮至软烂。

⑤ ....
最后加入西芹稍煮，并加调料调味。

厨艺笔记

1. 番茄要多一些，把汤煮得浓浓的
才好喝。
2. 蔬菜的种类可以根据自己的喜好
调整，土豆一定不能少。

豆豉的魔力：豉味茄丁

　　江南地区不常吃豆豉，超市也很少能觅到豆豉的踪影，有次在麦德龙看到干豆豉，便如获至宝地买了一大包回家。蒸鱼蒸肉，有时做蔬菜也会放点。豆豉有那种尝过之后便再也忘不了的味道，不管是搭配鱼、肉还是蔬菜，总能让这些主角变得酱香十足，滋味万千。茄子季的时候，一定要试试这道豉味茄丁，相信你也会喜欢它的。

材料　茄子 400 克，青、红椒各 50 克，
　　　豆豉 50 克，蒜适量

调料　盐 1 茶匙，糖 2 茶匙，料酒 1 汤匙，
　　　生抽 1 汤匙

1

茄子和青、红椒分别切丁，蒜切末备用。

2

油锅烧热，倒入茄丁翻炒至变色后盛出备用。

3

锅中留少许油，加入蒜末和豆豉爆香。

4

倒入青、红椒略炒。

5

将茄丁再次加入锅内，并加所有调料炒匀即可。

厨艺笔记

1. 炒茄子的时候，油要多一些，因为茄子比较吸油。
2. 豆豉本身有咸味，应根据口味适当增减盐量。

很受欢迎的凉拌菜：裙带菜拌金针菇

　　以前常在饭店吃到海带拌金针菇，这里我拿裙带菜代替了海带。比起新鲜的海带或裙带菜，干裙带菜更脆爽，更有嚼劲，拿来凉拌更加适合。我很喜欢这种酸酸甜甜又稍微带点辣的味道，特别是在没有胃口的炎炎夏日，一定会拯救你的胃口。

材料　干裙带菜 10 克，金针菇 200 克，
　　　葱、蒜适量

调料　盐半茶匙，糖 2 茶匙，葱油 3 汤匙，
　　　料酒 2 汤匙，生抽 2 汤匙，甜醋
　　　3 汤匙，香辣豆豉酱半汤匙

❶

　　　干裙带菜用冷水泡发。

❷

　　　金针菇切去老根的部分，入开水锅
　　　焯烫 1 分钟左右。

❸

　　　裙带菜也入开水锅焯烫 1 分钟左右。

❹

　　　将裙带菜和金针菇放凉，充分挤干
　　　水分，加蒜末、葱末和所有调料拌匀即可。

厨艺笔记

1. 干裙带菜只要一把就能泡发成很多，所以只需要很少的量。
2. 金针菇的老根应尽量多切掉点，以免影响口感；焯水的时间不能长，否则金针
　 菇就老了。
3. 裙带菜和金针菇都要充分挤干，这样才能充分吸收调料的味道，也保证了脆爽
　 的口感。

简单下饭汤羹：蔬菜大酱汤

　　自从下厨以后，家里的柜子和冰箱里就塞满了各种各样的调味料，韩式大酱便是其中一种。韩式大酱和日式味噌、中式豆瓣酱有异曲同工之妙，都具有浓郁的酱香味。韩式大酱和味噌都很适合做汤底，所以家里煮汤羹时都会加点，这样即使是寡淡的蔬菜汤，也会变得味道丰富起来。

材料　胡萝卜100克，土豆200克，西葫芦200克，洋葱半个，豆腐1块

调料　韩式大酱6汤匙，盐1茶匙

❶

洋葱、胡萝卜、土豆和西葫芦切小丁备用。

❷

油锅烧热后倒入洋葱爆香，再倒入胡萝卜和土豆翻炒。

❸

将炒好的蔬菜转入砂锅，加水煮开后加入豆腐和调料，转小火煮至胡萝卜和土豆软烂。

❹

最后加入西葫芦稍煮即可。

厨艺笔记

1. 不同的蔬菜煮至软烂的时间不同，所以要按顺序分批加入。

2. 韩式大酱超市有售，平时做菜、煮汤都可以放。

凉拌蔬菜惹味吃法：蒜泥杏鲍菇

　　以前自己不下厨的时候是不喜欢蒜的，总觉得它辛辣得不近人情。自己开始做菜之后才慢慢发现，其实蒜是很不错的食材，只要处理得当，它会收起原本的锋芒，把鲜香默默传递给别的食物，让原本普通的食材焕发新的味道。就像这道蒜泥杏鲍菇一样，我是极其喜欢的，你也来试试吧！

材料　杏鲍菇2根，葱、蒜适量

调料　盐半茶匙，糖1茶匙，虾油2汤
　　　匙，生抽2汤匙，米醋1/3汤匙，
　　　香辣豆豉酱微量

1

将杏鲍菇切两段，用刀拍散后撕成丝。

2

将杏鲍菇焯水备用。

3

将焯好水的杏鲍菇彻底放凉，挤干
水分。

4

将葱和蒜切末，加所有调料调成味
汁放置一会儿。

5

将味汁加入杏鲍菇拌匀即可。

厨艺笔记

1. 杏鲍菇可以直接切成丝，但手撕
　的口感更好些。
2. 醋是提鲜增香用的，只要一点点
　就可以了。没有虾油可以换成香
　油，但虾油更鲜香。
3. 味汁调好后放置一会儿，让蒜和
　葱在调料里腌制一会儿，这样吃
　起来就没那么辛辣了。

夏季最佳开胃小菜：酸辣藕

　　这是我最喜欢的一道开胃小菜，尤其是炎热的夏天没胃口的时候，只要来上这样一盘小菜，就一定会胃口大开。嫩白的藕裹上红彤彤的味汁，光是颜色就让人垂涎欲滴了。咬上一口酸甜可口、沁凉入心。做法很简单，但一定要严格按我的方法做，这样最后的成品才会惊艳你的味蕾！

材料　藕半截（约200克）

调料　葱油2汤匙，米醋1汤匙，香辣
　　　豆豉酱1汤匙，盐1/3茶匙，糖5
　　　茶匙

❶
藕对半剖开，切成片后再切成较粗的丝，用流水冲洗几遍。

❷
锅内水烧开，倒入藕丝焯烫（不超过1分钟）。

❸
焯好后用冷水冲凉，再倒进加了冰块的纯净水里浸泡15分钟左右。

❹
藕丝充分沥干，加所有调料拌匀，入冰箱冷藏半天会更入味、更好吃。

厨艺笔记

1. 没有葱油可以用麻油代替。豆豉酱主要取里面的辣油，也可用其他辣油。米醋可以换白醋，但米醋更香醇。
2. 藕焯烫的时间不要长，以保持脆嫩的口感。
3. 用冰水浸泡的步骤不能省，一热一冷之后藕丝会更加脆爽。

烧烤摊上的人气菜：蒜泥烤茄子

　　以前很爱吃烧烤，除了油滋滋的肉串，最爱的便是蒜泥烤茄子。烤到绵软的茄子再刷上蒜泥和酱汁，那滋味想想都会流口水。考虑到安全、卫生等问题，现在不太吃烧烤了，想念蒜泥烤茄子的时候就自己动手做。自己做的蒜泥烤茄子更健康，口味也可以根据自己的喜好来调整，纯蒜味的、辣酱的、海鲜的，都值得尝试。

材料　长茄子 300 克，蒜 30 克，剁椒　　调料　盐 1 茶匙，糖 1 茶匙，油 2 汤匙
　　　　15 克，葱适量

1

　　茄子洗净，沥干水分后从中间剖开，底部不剖断，放入预热好的烤箱，200℃烤 10 分钟左右至茄子发软。

2

　　蒜切末，加剁椒和所有调料拌匀成蒜汁。

3

　　把蒜汁填到烤好的茄子中间，继续放入烤箱烤 5 分钟左右。

4

　　最后撒上葱花即可。

厨艺笔记

1. 烤制时间仅供参考，可自由调整，第一次烤到茄子发软，第二次烤至入味。
2. 可以根据自家口味调整蒜汁的味道。
3. 茄子底部一定不能剖断，否则烤制时蒜汁会漏掉，影响味道。

蔬菜的惹味吃法： 干锅豇豆

干锅菜属于川菜或湘菜的范畴，口味的特点是麻辣鲜香，非常刺激味蕾，因此在饭店总是很受欢迎。自己在家做的时候，考虑到老人和孩子的口味，把辣椒改成了红椒，调味也是比较清淡的，属于改良版的干锅菜。但比起平常炖煮的做法，这种做法确实更美味。

| 材料 | 豇豆280克，五花肉80克，蒜、葱、红椒适量 | 调料 | 盐半茶匙，糖1茶匙，料酒2汤匙，生抽1汤匙，牛肉酱1汤匙 |

❶

五花肉切小块，蒜拍散，红椒切丝，葱切段备用。

❷

油锅烧热后转中火，倒入切段的豇豆翻炒，至表面起皱后盛出备用。

❸

另起油锅，倒入蒜爆香，再倒入五花肉翻炒至变色。

❹

豇豆重新入锅，并加所有调料炒匀。出锅前加红椒丝和葱段炒匀即可。

厨艺笔记

1. 豇豆第一次入锅炒时，要炒至完全断生并有些软烂，但炒制时间也不能过长，防止发黄影响色泽。
2. 酱的加入为这道菜增色不少，酱的种类可以根据自己的口味来选择。

挑剔吃客大赞的下饭菜：榄菜四季豆

　　老公是个挑剔的吃客，能让他说好吃的菜少之又少。但有次家里炒了榄菜四季豆，他居然问我是怎么做的，想必这道菜是真的很好吃。橄榄菜是用青橄榄腌制的咸菜，是潮州菜系中不可或缺的辅料之一。它色泽乌亮，油香浓郁，可以直接当佐粥小菜，但更多的是作为辅料入菜。橄榄菜和四季豆一起煸炒之后，四季豆的味道就变得特别浓郁，香气十足，咸中带鲜，特别下饭。

材料　四季豆400克，橄榄菜80克，蒜　　　调料　盐半茶匙，糖半茶匙
　　　　适量

❶

蒜去皮拍散备用。

❷

四季豆撕去筋膜，洗净沥干后切成丁。

❸

油锅加蒜末爆香后，倒入四季豆翻
炒至熟。

❹

加入橄榄菜和调料，炒匀即可。

厨艺笔记

1. 四季豆切丁更容易熟，也更容易入味。
2. 四季豆丁一定要炒至软烂后再加橄榄菜一起炒。橄榄菜入锅后不能炒太久，否
　则容易粘锅。
3. 橄榄菜有咸度，盐要酌情添加。
4. 喜欢味道丰富一点的，可以加一些肉末。

万人迷的味道：咖喱时蔬

　　说咖喱有万人迷的味道一点也不为过，至少我们家就没有人不爱这个味道。每次做咖喱菜的时候，饭桌上的其他菜就备受冷落，一碗饭加点咖喱的汤汁拌一拌就是一道美味。其实咖喱菜很容易做，因为不需要很复杂的调味，即使是厨房新手也能轻松胜任。

材料　胡萝卜150克，土豆150克，蘑菇150克，西蓝花150克，洋葱半个

调料　块状咖喱100克，水2碗

1

洋葱切丁，胡萝卜和土豆切滚刀块备用。

2

西蓝花和蘑菇切小块焯水后备用。

3

油锅烧热后先倒入洋葱炒出香味，再倒入胡萝卜和土豆翻炒。

4

锅内加水，煮开后转小火煮至胡萝卜和土豆软烂，再加入咖喱块煮至溶化。

5

加入西蓝花和蘑菇煮至入味即可。

厨艺笔记

1. 胡萝卜和土豆不容易熟，所以要先入锅煮。
2. 咖喱本身就有味道，不需要加其他调料。
3. 水不要太少，咖喱菜汤汁多些才好吃。
4. 咖喱入锅后不要煮太久，否则容易糊底，煮久了颜色也不好看。

夏日开胃小菜：酸辣黑木耳

因为口味的关系，重口味的菜在我家并不受欢迎，这道酸辣黑木耳却例外。黑木耳用热水烫得脆脆的，蒜末和米椒用热油炝过，香味和辣度都刚刚好，再加上调味过的香醋，一入口味蕾瞬间被激活，有一种吃了不想停下来的感觉。尤其是夏天没有胃口的时候，这道菜一定会拯救你的味蕾。如果将拌好的黑木耳冰镇一下再吃，味道就更棒了。

材料　黑木耳 20 克，青、红米椒适量，
　　　蒜 2 瓣

调料　盐 1 茶匙，糖 3 茶匙，生抽 1 汤匙，
　　　醋 3 汤匙，葱油 2 汤匙

❶

黑木耳用冷水泡发后去蒂撕成小块，
再入开水锅焯烫至熟。

❷

蒜和青、红米椒切末备用。

❸

黑木耳放凉，挤干水分后加入所有
调料。

❹

油锅烧热后倒入蒜末和米椒爆香。

❺

将爆香后的蒜末和米椒倒入黑木耳
中，拌匀即可。

厨艺笔记

1. 黑木耳的焯烫时间不要太长，以
　保持脆爽的口感。
2. 拌好后放置一段时间，入味后更
　好吃。

藻类的最佳吃法：凉拌裙带菜

因为儿子特别喜欢吃海藻类的食物，所以这类菜常常出现在我家的餐桌上，其中以凉拌居多。比起藻类的叶子，我们更喜欢吃藻类的根茎部分，因为根茎比叶子更加肥厚，更有嚼劲，更适合凉拌。藻类通常都很腥，焯水便能很好地去腥，当然葱、姜、蒜这些也不能少。另外，酸和辣也能很好地中和腥味，所以根据口味适当添加一些辣味也是必要的。

材料　裙带菜 300 克，蒜 2 瓣，葱、姜
　　　适量

调料　盐 1.5 茶匙，糖 1 茶匙，料酒 3 汤匙，
　　　生抽 1 汤匙，甜醋 3 汤匙，香辣
　　　豆豉酱 1 汤匙，葱油 2 汤匙

1 ⋯⋯⋯⋯⋯⋯⋯⋯⋯⋯⋯⋯⋯⋯⋯⋯⋯

　　裙带菜入开水锅焯烫 1 分钟左右沥
出，放凉备用。

2 ⋯⋯⋯⋯⋯⋯⋯⋯⋯⋯⋯⋯⋯⋯⋯⋯⋯

　　葱、姜、蒜切末备用。

3 ⋯⋯⋯⋯⋯⋯⋯⋯⋯⋯⋯⋯⋯⋯⋯⋯⋯

　　裙带菜加所有的葱、姜、蒜末和调
料拌匀。

4 ⋯⋯⋯⋯⋯⋯⋯⋯⋯⋯⋯⋯⋯⋯⋯⋯⋯

　　拌好的裙带菜盖上保鲜膜放置半天
左右即可。

厨艺笔记

1. 裙带菜焯水能去除一部分腥味，但时间不要太长，否则裙带菜会变得太软，就
　失去了口感。
2. 裙带菜比较腥，葱、姜、蒜一定不能少，加酸和辣也能很好地去腥。
3. 甜醋本身有甜味，适合凉拌，如果是普通香醋，则需要增加糖的量。
4. 裙带菜的肉质比较厚实，拌好后放置一段时间会更入味。
5. 喜辣的人可以增加辣酱的量或加些米椒一起拌。

怎么做都好吃的土豆：孜然土豆片

　　以前觉得蔬菜总是千篇一律，索然无味。慢慢地，却发现其实蔬菜搭配不同的调味料，用不同的做法，也可以千变万化、千滋百味。有一天心血来潮，做了这道孜然土豆片。将土豆煎至焦香后撒上烧烤味浓郁的孜然粉，再撒些好看的胡萝卜末和提味的香菜，一道色香味俱全的菜就这么做成了。

材料　土豆400克，香菜3根，蒜2瓣，　　调料　盐1.5茶匙，孜然粉半茶匙
　　　　胡萝卜适量

❶ ⋯⋯⋯⋯⋯⋯⋯⋯⋯⋯⋯⋯⋯⋯⋯⋯

　　土豆去皮切薄片。

❷ ⋯⋯⋯⋯⋯⋯⋯⋯⋯⋯⋯⋯⋯⋯⋯⋯

　　锅内油烧热后转小火，倒入土豆片
煎至两面微焦，中间酥软。

❸ ⋯⋯⋯⋯⋯⋯⋯⋯⋯⋯⋯⋯⋯⋯⋯⋯

　　加入切末的香菜、蒜和胡萝卜。

❹ ⋯⋯⋯⋯⋯⋯⋯⋯⋯⋯⋯⋯⋯⋯⋯⋯

　　最后加入调料炒匀即可。

厨艺笔记

1. 土豆片不要切得太厚，否则不容易煎熟。
2. 加胡萝卜是为了让成品更好看，也可以省略。

拯救胃口的快手菜：剁椒金针菇

　　虽然我家不常吃辣，但是家里还是会常备一瓶剁椒，特别没有胃口或者特别想吃辣的时候，就拿剁椒入菜过个瘾。剁椒金针菇是最快手的一道菜，寡淡的金针菇遇上剁椒，顿时变得鲜香无比。这道菜特别适合夏天，简单快捷而且没有油烟味，鲜辣的味道也能拯救夏日委靡的胃口。

材料　金针菇 250 克，剁椒 30 克，葱适量　　调料　蒸鱼豉油 1 汤匙

1

葱切末备用。

2

金针菇切去老根，洗净沥干水分后摆在盘子里，上面均匀地铺上剁椒。

3

入开水锅蒸 7~8 分钟。

4

把盘子里的水倒掉，撒上葱花，浇上蒸鱼豉油和烧热的食用油。

厨艺笔记

1. 剁椒和蒸鱼豉油都有咸味，不用另外加盐调味。
2. 蒸出的水要倒掉，让金针菇充分吸收调料的味道。
3. 最后的一勺油不能少，热油能充分激发调料的香味。

煮妇力荐的杏鲍菇做法：椒盐杏鲍菇

　　遇到自己喜欢的菜常常有如获至宝的感觉，总是想把它最美好的样子展现出来，从拍图到文字，虽然看的人尝不到味道，但还是想把那种美味传递出去！椒盐杏鲍菇就是这样一道菜，喜欢杏鲍菇的人不妨尝试一下，它一定不会让你失望！

材料　杏鲍菇3根，香葱适量　　　　　调料　椒盐粉适量

❶

杏鲍菇切滚刀块后焯水。

❷

香葱切末备用。

❸

将焯完水的杏鲍菇充分挤干水分，入油锅炸至变色捞出。

❹

油锅重新烧热后，再次倒入杏鲍菇炸至金黄色，捞出沥干油分。

❺

锅内留一点底油，将杏鲍菇重新入锅，加适量椒盐粉和葱花炒匀即可。

厨艺笔记

1. 杏鲍菇焯水后再炸口感更好。
2. 炸两遍可以保证外脆里嫩的口感。
3. 第二遍炸的时候，火不要太大，时间也不要太长，以免炸过头。

滋味下饭菜：干煸花菜

　　第一次做这个菜时就彻底爱上了它，一款非常美味的下饭菜。干煸花菜看着简单，其实要做好也是有一点窍门的。因为是干煸，不能有太多水分，所以花菜洗干净之后一定要充分沥干，这样也不容易爆锅。料酒和生抽等液体调料也只要很少的量，不然就成煮花菜了。要等花菜煸熟之后再加调料，如果提前加的话，由于没有水分，煸炒时间一长就很容易粘锅。

材料　有机花菜 300 克，五花肉 80 克，
　　　红椒、葱、蒜适量

调料　盐 1 茶匙，糖 1 茶匙，料酒 1 汤匙，
　　　生抽 1 汤匙，香辣豆豉酱半汤匙

❶
五花肉切小块，红椒切丝，葱切段。

❷
油锅爆香蒜后，倒入五花肉煸出香味。

❸
倒入掰开、洗净的花菜翻炒至断生。

❹
加入所有调料炒匀。

❺
出锅前加入红椒和葱炒匀。

厨艺笔记

1. 这道菜选脆嫩的有机花菜口感更
好，掰成小块后可用淡盐水浸泡半
小时左右，再洗净沥干水分备用。

2. 要等花菜完全断生后再加调料炒，
因为水分少，提前加调料的话，
花菜还没熟透就粘锅了。

3. 花菜不要炒太久，脆爽一点口感
更好。

4. 喜欢辣的，可以多加辣酱，口味可
自由调整。

Part 3

甜蜜的季节

菜肴中的酸甜苦辣四味，刺激人食欲的总是酸或辣，我也不例外，但作为江南人，我同样喜欢菜肴之中的那一味甜。那一丝似有若无的甜，好像秋日温暖的阳光，一下子让我们明媚起来，甜蜜起来，幸福起来！一想到甜味，首先想到的就是糖。糖不仅赋予菜肴甜味，也让菜肴更加清鲜平和。不过随着餐桌文化的变迁，巧手煮妇们可以不再局限于用糖给菜肴调味了，利用菜肴本身的甜味同样可以幻化出各种各样让人着迷的味道来。

餐前开胃小食：橙汁山药

　　江南人天生爱甜食，不管是家宴还是酒宴，餐前或餐后总有那么一两道甜食上桌。以前餐前凉菜最有名的要数"桂花糯米藕"，而现在人们对吃食越来越讲究，花样也越来越多，这道橙汁山药就是餐前凉菜中的新秀。当然，你也可以把山药打成泥，再淋上橙汁或蓝莓酱，酸甜粉糯，用来开胃再好不过了。

材料　铁棍山药2根　　　　　　　调料　橙汁半碗，淀粉2茶匙

1

　　山药洗净沥干切成段，上锅隔水蒸20分钟左右，至山药熟透。

2

　　蒸好的山药去皮摆在盘子里。

3

　　橙汁加淀粉拌匀，用小火煮开后均匀地浇在山药上即可。

厨艺笔记

1. 要选粉粉糯糯的铁棍山药。
2. 可以用瓶装的橙汁，也可以用鲜榨橙汁，鲜榨橙汁需要适当加些糖。
3. 煮橙汁的时候要不停搅拌，防止煳锅。

出奇制胜的佳肴：拔不丝红薯

　　这道菜是从东北菜馆"偷师"来的，当人们都热衷于"拔丝红薯"的时候，某一位大厨却出奇制胜地创造了这样一道更容易操作和上桌的佳肴。"拔丝红薯"最让人们迷恋的是那一丝丝亮晶晶的糖丝，但要做出这糖丝极其不易，而且对享用的时间也有极高的要求，稍慢那么一点点，就享受不到拉丝的乐趣和入口即化的甜蜜了。而"拔不丝红薯"相比之下只是少了糖丝，做起来却容易很多。它对煮糖汁没有那么高的要求，但成品依然甜蜜美味，即使放凉了也同样好吃。

材料　红薯 300 克

调料　糖 30 克，水 1 汤匙

❶

　　红薯切滚刀块，入油锅用小火煎至边角微焦，中间酥烂。

❷

　　将糖和水拌匀，倒入不粘锅内，小火煮。

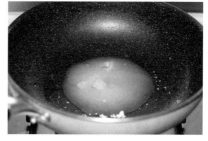

❸

　　将糖水煮至冒泡且黏稠。

❹

　　倒入红薯，翻炒至均匀地裹上糖汁即可。

厨艺笔记

1. 红薯要选比较甜糯的黄心红薯。
2. 红薯要切成较小的滚刀块，这样比较容易煎熟。
3. 煮糖水的时间不要过长，防止水分煮干，糖结晶。

好色之菜：金汤娃娃菜

一直很喜欢娃娃菜清新甘甜的味道。为了保持娃娃菜原本的味道，最常见的做法就是上汤娃娃菜。上汤的做法让娃娃菜与各种辅料相辅相成，把娃娃菜的清鲜发挥得淋漓尽致。偶尔也可以把汤底换成金灿灿的南瓜，光是颜色就已经俘虏了我们的胃，而味道也更上一层楼了，南瓜的清甜和娃娃菜的清鲜交相辉映，成就了这道极致的佳肴。

材料　娃娃菜1棵，南瓜150克，蒜3瓣，
　　　高汤 1 碗

调料　盐 1 茶匙

❶

南瓜去皮切小块，入锅隔水蒸熟。

❷

娃娃菜洗净后一切四。

❸

　油锅加蒜爆香，放入娃娃菜略煸后
加水至没过菜，再加半茶匙盐煮几分钟。

❹

蒸熟的南瓜加高汤入料理机搅拌成
糊状，倒入锅内煮开，加半茶匙盐调味。

❺

　煮好的娃娃菜捞出摆在盘里，汤弃
去不用，浇上煮好的南瓜糊即可。

厨艺笔记

1. 娃娃菜不要煮太久，否则会失去
　 口感。
2. 高汤可以用水代替，但高汤味道
　 更好些。

回味无穷的滋味菜：咸蛋黄焗紫薯

我小时候爱吃咸鸭蛋，但只有到每年的端午节才能吃到。现在咸鸭蛋已不再局限于端午节，也不再是单纯的吃食了。咸蛋黄入菜已经变成了一种时尚，咸蛋黄焗鸡翅、咸蛋黄焗海蟹、咸蛋黄焗锅巴，尤其是这道咸蛋黄焗紫薯，咸中带甜，回味无穷，百吃不厌。只是咸蛋黄的胆固醇比较高，偶尔吃可以，不可贪多哦！

材料　紫薯 250 克，咸蛋黄 4 个　　　　调料　盐半茶匙

1

紫薯去皮切条状。

2

咸蛋黄用勺子碾碎。

3

将紫薯倒入不粘锅煎至酥软。

4

另起油锅,倒入咸蛋黄,小火煮至起泡。

5

将紫薯重新入锅，加盐翻炒至均匀地裹上咸蛋黄即可。

厨艺笔记

1. 紫薯不要切太大，以免煎不透。
2. 咸蛋黄要用熟的，炒的时候要用小火，防止粘锅。

混搭出意想不到的美味：蘑菇烩红薯

　　煮妇到外面的饭店吃饭回来后，最喜欢做的事情就是仿制饭店好吃的菜肴，这道菜就是这样产生的。虽然最后成品的样子和味道都和饭店的相去甚远，但这并不影响它本身的美味。有些食物一定要试过才知道它的美味，从来没想过，把蘑菇和红薯这两样东西搭在一起，会有如此美妙的味道。

材料　红薯250克，蘑菇250克，葱适量

调料　盐半茶匙，糖1茶匙，生抽1汤匙，老抽1/3汤匙，醋1/3汤匙，水2汤匙

❶

蘑菇对半切开焯水备用。

❷

红薯切滚刀块，和焯过水的蘑菇分别入油锅炸至表面金黄。

❸

另起油锅，倒入红薯和蘑菇翻炒一下。

❹

加入所有调料炒匀，出锅撒葱花。

厨艺笔记

1. 蘑菇炸过之后会缩很多，所以只要对半切开就可以。
2. 红薯不要炸太久，炸熟即可，否则水分消失会影响口感，蘑菇也一样。
3. 葱有提香增鲜的作用，不要省略。

简单西式浓汤的做法：玉米浓汤

很少在家做西餐，偶尔在西餐厅吃到不好吃又贵的浓汤，就会想着自己回家做。浓汤算是西餐里最简单的了，味道却是醇厚而浓郁，虽然比起中式的汤羹热量会偏高，但是偶尔吃一次也未尝不可。尤其是家里的小朋友，会很喜欢这样的味道！

材料　玉米 250 克，洋葱 1/4 个，培根适量，豌豆 30 克，牛奶 250 克

调料　黄油 1 小块，盐 1.5 茶匙，水 1 碗

❶

洋葱和培根切小丁。

❷

黄油融化后倒入洋葱炒香。

❸

倒入玉米炒熟。将炒好的玉米倒入料理机加牛奶打成糊。

❹

玉米糊加水重新入锅煮开，加培根、豌豆以及盐煮匀即可。

厨艺笔记

1. 用黄油炒更香，没有也可以用色拉油代替。
2. 最后一步加的水是用来调节汤的浓稠度的，也可以用牛奶代替。

零食变身经典小菜：话梅花生

这道菜大概是哪位爱零嘴的吃客发明的吧！花生和话梅都是极好的小零嘴，把这两种东西放在一起发生了奇妙的反应，成就了一道颇为经典的菜。我喜欢用带壳的花生煮，边剥边吃也是一种乐趣，嫌麻烦的话，也可以直接用花生米煮。至于话梅的口味，我比较喜欢甜酸味较浓烈的话梅，但也不是一成不变的，尝试一下别的口味的话梅，也许会有惊喜哦！

材料　花生 200 克，话梅 100 克

调料　盐 2 茶匙

❶　花生浸泡后清洗干净，加话梅和没过花生的水煮开。

❷　煮半个小时左右，关火后加盐调味，并浸泡过夜。

厨艺笔记

1. 酸甜可口的话梅比较适合做这道菜。
2. 浸泡的时间一定要够长才会入味。

南瓜新吃法：干烧南瓜

　　南瓜是我家的常备食材，可以用来煮粥、熬甜汤或煎饼。因为南瓜本身有甜味，所以常常是以甜食的形式出现在餐桌上的。但是这道干烧南瓜作为菜肴是我极力推荐的，清甜软糯的南瓜混合了洋葱的香气，再裹上酱汁，那种味道一定要试过之后才能体会。当然好吃也离不开食材的选择，要选质地紧实、粉糯的南瓜，这样做出来的菜才更好吃哦！

材料　南瓜350克，洋葱半个，葱适量　　调料　生抽2汤匙，醋1/3汤匙，糖1茶匙

❶

洋葱切丁，葱切末备用。

❷

南瓜切丁，入油锅小火煎至表面微焦、内里酥烂后盛出备用。

❸

将洋葱倒入煎南瓜的锅内，翻炒出香味。

❹

将南瓜重新入锅，翻炒均匀。

❺

加所有调料翻炒均匀，出锅前撒入葱花即可。

厨艺笔记

1. 煎南瓜时用小火，保证南瓜表面微焦且完全煎至酥烂。

2. 这道菜的特点是咸鲜清甜，生抽的咸度就足够了，无须另外加盐。

3. 醋的作用是提鲜增香，所以只需很少的量。

切藕丝的窍门：糖醋藕丝

以前切藕老是横着切完再切丝，切出的藕丝总是很碎，后来才知道原来竖着切就能切出完美的藕丝来。下厨并不是一件机械而枯燥的事情，它让人在不断的尝试和学习中获得新的知识和经验，给生活带来很多乐趣和享受！

材料　藕 400 克，葱适量

调料　生抽 1 汤匙，老抽半汤匙，醋 4 汤匙，盐半茶匙，糖 4 茶匙，淀粉 1 茶匙

❶ ⋯⋯⋯⋯⋯⋯⋯⋯⋯⋯⋯⋯⋯⋯⋯

藕去皮后竖着切薄片。

❷ ⋯⋯⋯⋯⋯⋯⋯⋯⋯⋯⋯⋯⋯⋯⋯

再竖着切成细丝。

❸ ⋯⋯⋯⋯⋯⋯⋯⋯⋯⋯⋯⋯⋯⋯⋯

将所有调料加在一起调成糖醋汁。

❹ ⋯⋯⋯⋯⋯⋯⋯⋯⋯⋯⋯⋯⋯⋯⋯

油锅烧热，倒入藕丝，翻炒至断生。

❺ ⋯⋯⋯⋯⋯⋯⋯⋯⋯⋯⋯⋯⋯⋯⋯

倒入糖醋汁炒匀后关火，撒入葱花。

厨艺笔记

1. 切好的藕丝可以在清水里浸泡一下，泡去多余淀粉，以保持脆嫩的口感。

2. 藕丝在锅内的时间要短一些，时间长了就不脆了，所以糖醋汁要事先调好。

清肠养生沙拉：玉米彩椒沙拉

　　儿子有段时间特别喜欢 KFC 的蔬菜沙拉，其实他对蔬菜的态度只是并不感冒而已，但遇到蔬菜沙拉就不一样了，完全没有了抵抗力。对于我们成人来说，这也是非常不错的一道菜，平时吃多了荤腥，偶尔需要来点沙拉清清肠。如果觉得沙拉酱的热量比较高，可以把它换成比较浓稠的酸奶，味道也一样出众。

材料　甜玉米 250 克，青、红甜椒各 80 克

调料　沙拉酱 30 克，盐半茶匙

❶

　　青、红甜椒切小丁。

❷

　　将玉米及青、红甜椒焯熟。

❸

　　将所有材料沥干水分，放凉后加调料拌匀即可。

厨艺笔记

1. 玉米要选脆嫩的甜玉米，青、红甜椒也要选肉厚味甜的甜椒。
2. 焯水时间不要太长，以保持脆嫩口感。
3. 要充分沥干水分并放凉后再拌沙拉酱。

清新润肺的滋味小炒： 酱香双丁

雾霾天一度成为人们最关注的话题，但事实上我们所能改变的很小。雾霾对呼吸系统影响最大，容易引起急性上呼吸道感染、肺炎等疾病。我们只能更加注意饮食，多吃清心润肺的食物，例如雪梨、百合、莲藕、马蹄等。这道菜也是为雾霾天量身定做的小炒，马蹄和梨不但清心润肺，口感也很搭，都是鲜甜脆嫩的，裹上酱汁后咸中带鲜，口感极佳。

材料 梨 200 克，马蹄 200 克，葱适量

调料 盐 1 茶匙，生抽 2 汤匙，醋 1/3 汤匙

1

梨和马蹄分别去皮、去核切成小丁。

2

葱白和葱叶分别切末备用。

3

油锅入葱白爆香后，倒入双丁翻炒均匀。

4

加入所有调料炒匀。

5

最后撒入葱叶炒匀即可出锅。

厨艺笔记

1. 整个翻炒过程要迅速，以保证双丁的脆嫩口感。
2. 加入醋是为菜肴增香提鲜，所以只要很少的量即可。
3. 双丁本身都是甜味的，因此不需要另外加糖提鲜。

秋天的味道：时蔬烩栗子

每到秋天的时候，爸爸就会送来一大包栗子，而婆婆总是会把吃不完的栗子煮熟去壳后冷冻于冰箱里，想吃的时候再拿出来。每每吃到甜糯的栗子，就好像重新置身于秋天一样，很奇妙。栗子是干果之王，营养丰富，除了拿来炖肉之外，平时做个小炒也很不错，特别适合有小朋友的家庭。

材料 熟栗子 200 克，胡萝卜 30 克，青、红椒各 20 克

调料 盐半茶匙，糖半茶匙

1

栗子用刀侧面拍碎，胡萝卜和青、红椒用饼干模切成喜欢的形状。

2

油锅烧热后，倒入胡萝卜和青、红椒翻炒一下。

3

再倒入栗子和调料炒匀即可。

厨艺笔记

1. 栗子要用熟的，生的炒不熟。
2. 胡萝卜和青、红椒可以切成任意形状，不一定要用饼干模切。

让心暖起来：奶香南瓜羹

常去的一家韩式料理店开餐前总会送上一碗南瓜羹，清清甜甜的，喝了很舒服。但每天都是限量的，送完为止，所以每次去那里吃饭就多了一份期待，期待和南瓜羹不期而遇。后来慢慢地不再送南瓜羹了，虽然是很小的一碗羹，却好像少了点什么。偶尔想念了，就只能自己做了。很简单的做法，喝完却会让整颗心都暖起来。

材料　南瓜 280 克，牛奶 100 克

调料　冰糖适量

❶

南瓜去皮去瓤切小块，入锅隔水蒸至软烂。

❷

南瓜连汤汁加牛奶入料理机打成糊。

❸

将南瓜糊倒入锅内，用小火煮沸，并加适量冰糖调味。

厨艺笔记

1. 南瓜需要蒸 10 分钟左右，当用筷子能轻易戳穿便表示熟了。
2. 牛奶的量仅供参考，南瓜的含水量不同，所用牛奶的量也不同。

人气小点心：奶香土豆泥

　　这是我家小朋友和他爸爸最爱的一道小点心。土豆泥是西方人餐桌上的主食之一，其味道清新自然，可以根据自家的喜好配以各种辅料做成风格各异的土豆泥。我用的是最基础的做法，你可以在这个基础上尝试各种改变，加一些蔬菜丁或培根等，也可以加芝士做成焗土豆泥，或者把牛奶换成鸡汁，都是不错的尝试。

材料　土豆 400 克，牛奶 50 克

调料　盐 1 茶匙，现磨黑胡椒适量

❶

土豆洗净后带皮入锅煮熟。

❷

将煮熟的土豆剥去皮。

❸

将土豆分次装在保鲜袋里用擀面杖碾成泥，再加牛奶和调料拌匀。

❹

将拌好的土豆泥装进裱花袋挤出花纹。

厨艺笔记

1. 土豆带皮煮不会吸收太多的水分，水分多了土豆泥会太烂不成形。
2. 筷子能轻易戳穿就表示土豆煮熟了。
3. 如果想要土豆泥的口感更细腻，可以将碾好的土豆泥用细筛网过滤一下。只要将土豆泥放在筛网里用勺背压，压到筛网反面后再把土豆泥刮下来即可。
4. 不同的土豆含水量不一样，可以根据实际情况自由调节牛奶的量。

玉米这样吃：酱香玉米

以前写博客的时候，常常会在晚上构思菜谱，每每构思出一道新的菜谱就激动万分，恨不得马上冲到厨房操作起来。等到真正做出成功的成品时，那种心情就好像自己孕育了一个新的生命一样，这就是煮妇最大的乐趣吧。

材料　玉米 300 克，蒜、香菜适量

调料　盐半茶匙，糖半茶匙，生抽 1 汤匙，牛肉酱 1 汤匙

1

玉米切小段，蒜切末，香菜切段。

2

将蒜末入油锅爆香，再倒入玉米用中小火煸至表面微焦。

3

加入调料炒匀后撒入香菜段出锅。

厨艺笔记

1. 玉米切段的时候沿着缝隙切，这样不会产生很多碎粒。
2. 酱的品种不限，用带一点点辣味的酱炒出来的玉米味道更好。

Part 4

酱出好滋味

　　中式的菜肴始终都离不开一个"酱"字，不管是哪一种食材，只要调入了各式各样的酱，那味道就会变得深长而悠远。哪怕是清新寡淡的蔬菜，也一样会和各式各样的酱料碰撞出最美妙的火花，从而俘虏人们挑剔的味蕾。想让蔬菜成为你家饭桌上的宠儿，这些与"酱"有关的蔬菜做法，一定要学会哦！

宴客必备小菜：秘制酱萝卜

　　不知从什么时候开始，很多饭店的凉菜菜单上多了一道酱萝卜。我第一次吃的时候，惊艳于它极具江南风味的酸甜脆爽的口感，以及精美的花朵造型，总觉得它是需要很高深的厨艺才能造就的一道菜。自己在家尝试后才发现，原来造型和调味都很简单，只是需要花一些时间和小心思。用我的这个方法，即使是厨房新手，只要按部就班地做，也一定可以成功。学会之后，这道菜一定会成为家宴饭桌上很惊艳的一道。

材料　白萝卜350克

调料　盐2茶匙，生抽6汤匙，醋3汤匙，
　　　糖6茶匙

❶

　　萝卜洗净切薄片，加2茶匙盐拌匀腌制过夜。

❷

　　腌好的萝卜充分挤干水分，加剩余的调料拌匀。

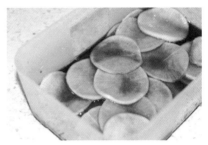

❸

　　盖上盖子入冰箱冷藏24小时。

❹

　　将腌好的酱萝卜均匀地排好。

❺

　　自下而上卷起，从中间切开摆盘。

厨艺笔记

1. 萝卜尽量切得薄一些，这样既容易入味，也容易做造型。
2. 两次腌制的时间都要长，第一次腌是为了腌出萝卜的水分，使口感脆爽；第二次腌的时间越长，便越入味，最少也要24小时。
3. 第二次腌制时，可以隔段时间拿出来翻拌一下，让味道更均匀。

百吃不厌的三杯菜：三杯土豆

　　我是从台湾的三杯鸡知道"三杯"做法的，自从尝试过这种做法后便彻底爱上了它，后来举一反三做了这道三杯土豆，味道当然也是百吃不厌。和台湾的"三杯"做法相比，我的做法并不那么正宗，台湾的做法都会加九层塔（也就是罗勒），我们这边一般很少能买到罗勒，所以不管是做三杯鸡还是三杯土豆，我都会用香菜来代替，倒也是别有一番滋味！

材料　土豆 500 克，红椒半个，香菜 2 根，
　　　蒜 3 瓣

调料　生抽 2 汤匙，老抽半汤匙，醋半
　　　汤匙，糖 2 茶匙

❶

土豆去皮切滚刀块，入油锅小火煎。

❷

煎至边角微焦、内里酥烂后盛出备用。

❸

另起油锅，入拍碎的蒜头爆香，倒入红椒丁翻炒一下。

❹

将土豆重新入锅，加所有调料炒匀。

❺

关火后撒上香菜段炒匀即可出锅。

厨艺笔记

1. 土豆不要切得太大块，否则不容易煎至酥烂。
2. 醋起到增香提鲜的作用，所以只需要很少的量。
3. 关火后再加香菜，用食物的余热闷熟，以保证其碧绿的色泽。

春天专属菜：油焖春笋

有些菜之所以让人念念不忘，是因为难得吃到，竹笋便是如此，尝鲜季总是只有短短的一两个月，错过了就要再等一年。每年春天竹笋大量上市的时候，这道菜就常常出现在我家餐桌上。比起适合佐肉的冬笋，竹笋更适合炒着吃。在重油里焖炒之后，再裹上酱汁，咸鲜脆嫩，百吃不厌。

材料　竹笋 300 克，葱适量

调料　盐半茶匙，糖 2 茶匙，料酒 1 汤匙，生抽 2 汤匙

①

竹笋切滚刀块焯水备用。

②

油锅烧热后倒入竹笋翻炒至边角微焦。

③

加所有调料炒匀。

④

出锅前撒入葱花。

厨艺笔记

1. 笋一般都带有涩味，所以要提前焯水后再炒。
2. 焖炒时油要比平时炒菜多一些。

冬吃萝卜夏吃姜：豆瓣酱烧萝卜

俗话说："冬吃萝卜夏吃姜，不需医生开处方！"萝卜因为它卓越的养生功效而深受人们的喜爱。最常见的萝卜吃法是炖汤，但其实萝卜做成红烧的也不错，尤其加了豆瓣酱一起烧煮之后，本身清淡的萝卜更有滋味了，即使没有加肉，也变得极为下饭。做这道菜时可以举一反三，把豆瓣酱换成其他的酱，比如辣酱、海鲜酱等等，不同酱一定会带来不同的惊喜。

材料　白萝卜600克，葱适量

调料　生抽2汤匙，豆瓣酱1汤匙，糖1茶匙，水半碗

❶

萝卜去皮后切小丁，入冷水锅煮开后再稍煮几分钟。

❷

油锅烧热后，倒入充分沥干水分的萝卜煸炒至边角微焦。

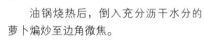

❸

加入调料炒匀，转小火炖5分钟左右。

❹

最后用大火收汁，出锅时撒入葱花。

厨艺笔记

1. 给萝卜焯水能去除其辛辣味，也能缩短后面煮的时间。

2. 生抽和豆瓣酱的咸度足够了，不需要另外加盐。

3. 加水后用小火炖一会儿，萝卜会更入味。

好食材轻松做出好滋味：酱熘山药

　　我喜欢铁棍山药绵糯的口感，因此常常用它来煲汤或和肉一起煮。吸收了肉味的山药确实无比鲜香，但其实离开了肉的铁棍山药也同样好吃，只需一点点的调味和点缀，它就能成为一道光芒万丈的招牌菜，不信就试试这道酱熘山药吧！

材料　铁棍山药 250 克，胡萝卜 50 克，
　　　黑木耳 3 克，葱、蒜适量

调料　盐半茶匙，糖 2 茶匙，生抽 2 茶匙，
　　　老抽半茶匙

❶

山药去皮，切滚刀块后焯水备用。

❷

木耳用冷水泡发后切丝，胡萝卜切
丝，蒜和葱切末备用。

❸

油锅入蒜末爆香后，倒入山药翻炒。

❹

继续倒入胡萝卜和木耳炒软。

❺

加调料炒匀后撒入葱花。

厨艺笔记

1. 山药一定要焯水，焯水能去除
　其涩味，也能让山药吸饱水分，
　从而变得绵软。
2. 这道菜用糯的铁棍山药做更好
　一些。

极受欢迎的平民菜：虎皮青椒

　　青椒在厨房常常以配角的身份出现，虽然可以锦上添花，但也常被忽略。大概只有这道菜，青椒才算是真正的主角，而且是极受欢迎的主角。在高温的作用下，青椒表面形成了像虎皮一样斑斑点点的纹路，再佐以糖醋汁，就是一道极好的下饭菜了。虽然样子略微普通，但其受欢迎程度绝不亚于一碗红烧肉，而它的平民价格则是红烧肉无法比的。

材料　青椒 350 克

调料　盐半茶匙，糖 3 茶匙，生抽 1 汤匙，
　　　醋 3 汤匙

1

所有调料充分拌匀调成味汁。

2

油锅烧热后转中小火，倒入切段的青椒煎。

3

煎至青椒表面起皱、肉质软烂后倒入味汁。

4

大火收干味汁即可。

厨艺笔记

1. 青椒要选肉质厚薄适中的，太厚不容易入味，太薄没有口感。
2. 怕辣的话，青椒里面的白色筋膜一定要去除干净。

记忆里最好吃的家常菜：红烧茄子

　　这是我在上学的时候很喜欢的一道菜，那个时候食堂师傅烧的红烧茄子非常好吃，我几乎每次必点。后来正好有机会进到厨房，索性就看了一下师傅究竟是怎么做这道菜的。原来做这个菜，要先将茄子入油锅炸软，再将吸饱油的茄子和肉末一起高温爆炒，那香味和滋味就全出来了。我们在家做这道菜的时候，考虑到便捷和健康等问题，茄子多是直接用炒的，虽然滋味差了那么一点点，但依然是很受欢迎的一道下饭菜。

材料　茄子 350 克，肉末 80 克，蒜、葱　　　　调料　盐 1 茶匙，糖 3 茶匙，料酒 2 汤匙，
　　　适量　　　　　　　　　　　　　　　　　　　　生抽 1 汤匙，老抽 1 汤匙，醋半
　　　　　　　　　　　　　　　　　　　　　　　　　汤匙

1

茄子切滚刀块，蒜和葱切末备用。

2

油锅多倒些油烧热，倒入茄子炒软后盛出备用。

3

另起油锅倒入蒜末爆香，再倒入肉末炒至变色。

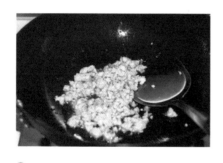

4

将茄子重新入锅，加入所有调料炒匀。

5

出锅前撒入葱花。

厨艺笔记

炒茄子时油要多一些，茄子比较吸油。如果不怕费事和费油的话，可以用炸的方式，这样茄子的口感会更好。

简单却有内涵的菜：糖醋莴笋

　　这是我家饭桌上很受欢迎的一道菜，做法很简单，但要做到好吃下饭可不那么简单。首先是糖醋汁的调配，江南人口味大多偏甜，所以糖和醋的比例约为1:1，不喜欢太甜的可以适当减少一点糖量。为了保持莴笋原本的颜色，只加了少许的生抽。我不喜欢那种口感脆脆的糖醋莴笋，因此把莴笋切成滚刀块后，用热油煸炒至软糯，再裹上厚厚的糖醋汁。嗯，想想都会流口水呢！

材料　莴笋 400 克

调料　盐1茶匙，糖6茶匙，生抽1汤匙，
　　　醋3汤匙

❶

将调料拌成糖醋汁备用。

❷

将莴笋切滚刀块，入油锅翻炒至软糯。

❸

倒入糖醋汁翻炒均匀。

❹

用大火把汁收干，使莴笋均匀地裹
上糖醋汁。

厨艺笔记

　　莴笋应该煸炒得软糯些，再裹上糖醋汁才好吃，也更入味，因此做这道菜
时莴笋更适合切滚刀块。如果喜欢脆爽一些的口感，也可以将莴笋切片炒。

莲藕的滋味吃法：回锅藕片

　　小时候的生活比较节俭，家里常吃回锅菜、回锅肉、回锅汤、回锅咸饭咸粥。虽然这种吃法并不健康，但我一直觉得回锅后的味道层次更丰富，更值得回味。这道回锅藕片并不是传统意义上的回锅菜，只是先焯再炒，但加了肉和其他辅料的点缀，也不比传统意义上的回锅菜逊色，甚至有异曲同工之妙。

材料　藕 250 克，青、红、黄椒各 30 克，
　　　五花肉 100 克，青蒜 2 根，蒜 1 瓣

调料　盐 1 茶匙，糖 1 茶匙，香辣豆豉
　　　酱 2 茶匙，料酒 2 汤匙，生抽 1
　　　汤匙，醋半汤匙

❶

　　五花肉切薄片，青、红、黄椒分别
切丁，青蒜切段，蒜去皮拍碎备用。

❷

　　藕去皮切薄片，入开水锅焯烫 30 秒
左右，用冷水冲洗后沥干备用。

❸

　　起油锅，入蒜末和青蒜的蒜白部分
爆香，再倒入五花肉翻炒至变色并出油。

❹

　　倒入藕片和青、红、黄椒丁炒匀。

❺

　　加入所有调料炒匀，出锅前再加青
蒜炒匀即可。

厨艺笔记

　　藕焯烫和入锅翻炒的时间要
短，以保证脆嫩的口感。

人气东北菜：地三鲜

　　有朋友是东北人，每次一起吃东北菜的时候，这道地三鲜是必点的。吸饱油的茄子和炸至酥软的土豆裹上酱汁后的味道总是让人欲罢不能。现在想念这个味道的时候就自己在家做，做法稍有改良，把烹制茄子和土豆的做法由炸改成炒和煎，少了一些东北菜的原汁原味，但也算在美味和健康之间找到了平衡点。

材料　茄子 300 克，土豆 200 克，青、
　　　红椒各 80 克，葱、蒜适量

调料　盐 1 茶匙，糖 2 茶匙，生抽 2 汤匙，
　　　料酒 2 汤匙，醋 1/3 汤匙

❶

　　茄子切滚刀块，土豆切片，青、红
椒切块。

❷

　　锅内多倒些油烧热，倒入茄子翻炒
至熟，盛出备用。

❸

　　锅内继续倒油烧热，倒入土豆片翻
炒至酥烂，盛出备用。

❹

　　将蒜末倒入油锅爆香，倒入青、红
椒翻炒至断生。

❺

　　将茄子和土豆重新回锅，加所有调
料炒匀，最后撒上葱花即可。

厨艺笔记

1. 土豆片厚度要适中，太厚不容易
　 熟，太薄容易碎。
2. 炒茄子时油要多放一些，因为茄
　 子比较吸油。
3. 每种蔬菜的吸油程度和煮熟时间
　 不同，所以要依次下锅。

蔬菜健康新吃法：响油芦笋

　　芦笋的吃法多种多样，而最原汁原味、天然健康的吃法，却是这样白灼的做法，保留了芦笋鲜绿的颜色和清香的味道，甚至保留了芦笋原本的样子。焯熟的芦笋撒上白色的蒜末和红色的椒末，再浇上味汁和热油，娇嫩的颜色和空气中弥漫的香气，让你顿时胃口大开！

材料 芦笋 200 克，红椒适量，蒜 2 瓣

调料 盐半茶匙，糖 1 茶匙，生抽 3 汤匙，
醋半汤匙，食用油适量

❶

将除食用油以外的调料调成味汁。

❷

将芦笋切去老根，入开水锅焯熟。

❸

将焯好的芦笋切段摆盘，上面撒上切末的红椒和蒜末。

❹

均匀地浇上味汁，最后再浇上烧热的食用油即可。

厨艺笔记

1. 芦笋要选细长、碧绿且嫩一些的，老根要多切掉些，以免影响口感。

2. 入锅焯的时间一定不能长，1 分钟左右即可，以保证芦笋碧绿鲜嫩。

3. 芦笋应整根焯好再切段，这样更容易摆盘，也更好看。

素菜做出肉滋味：酱香素鳝丝

　　有些蔬菜经过烹饪之后可以做出肉味来，这道酱香素鳝丝就是很好的例子。香菇的颜色和鳝鱼很接近，剪开之后就更像了。香菇浓郁的香气混合洋葱的香味，无论是外形还是味道，都有几分以假乱真的样子。干香菇的口感和香味比鲜香菇更加适合做这道菜哦！

材料　干香菇 50 克，洋葱半个，红椒半
　　　个，葱适量

调料　盐 1 茶匙，糖 1 茶匙，料酒 1 汤匙，
　　　生抽 1 汤匙

①

干香菇用冷水泡发，洗净后挤干水
分，沿边剪开。

②

洋葱和红椒切丝，葱切末。

③

将油锅烧热，倒入洋葱炒出香味。

④

倒入香菇翻炒均匀，再加入所有调
料翻炒均匀。

⑤

加入红椒丝和葱末翻炒均匀后出锅。

厨艺笔记

　　泡发的香菇入锅前一定要挤干
水分，这样不容易爆锅，也能使其
充分地吸收调料的味道。

139

我最喜欢的豆腐吃法：酱烧豆腐

我以前不太喜欢吃豆类的食物，包括豆腐这类豆制品。自己下厨之后，慢慢开始接受和尝试更多的东西，甚至爱上它们。这道酱烧豆腐是我现在最喜欢的豆腐吃法，肉末煸香之后，再加豆腐炖，把肉的鲜味都炖进了豆腐里。没用油煎过的豆腐，吃起来还是嫩嫩的，入口特别鲜香嫩滑。肉末也可以换成牛肉或鸡肉，会有不同的风味哦。

材料　豆腐1块(约500克),肉末100克,胡萝卜100克,豌豆50克,葱、蒜适量

调料　盐1茶匙,糖2茶匙,料酒2汤匙,生抽1汤匙,老抽1汤匙,水适量

❶

将豆腐切块,焯水后捞出备用。

❷

将蒜末入油锅爆香后,倒入肉末翻炒至变色。

❸

倒入豆腐,加所有调料煮开,再转小火煮10分钟左右至豆腐入味。

❹

继续加入胡萝卜丁和豌豆,稍煮1～2分钟。

❺

大火收汁后撒入葱花。

厨艺笔记

1. 将豆腐焯水能去除豆腥味,煮的时候火不要太大,否则会把豆腐煮碎。

2. 肉末可以是猪肉,也可以是牛肉或鸡肉。

鲜味生成记: 蚝油鲜菇

蚝油本是广州特产,随着各地饮食习惯的相互渗透,现在蚝油也常常出现在我们的餐桌上,蚝油牛肉、蚝油鸡翅、蚝油生菜等等,都极受欢迎。这道蚝油鲜菇鲜到了极致,却又天然不造作,魅力无穷!

材料　蘑菇 400 克,胡萝卜 150 克,葱适量

调料　盐半茶匙,糖半茶匙,生抽 1 汤匙,蚝油 1 汤匙,老抽半汤匙

❶ 将蘑菇和胡萝卜分别切丁。

❷ 将蘑菇焯水,以去除土腥味和多余水分。

❸ 起油锅,倒入胡萝卜丁翻炒至断生。

❹ 倒入挤干水分的蘑菇,加所有调料炒匀。最后加入葱花炒匀出锅。

厨艺笔记

蘑菇焯水后再炒,能去除其土腥味,口感也更好。

湘式下饭菜：手撕包菜

　　手撕包菜是地道的湘菜。传统做法麻辣鲜香，爽脆清甜，而现在我们在饭店吃的或家里做的都属于改良版，在微辣的基础上带点偏糖醋的口感。在家做过很多次手撕包菜，一直不得要领，做不出饭店那种既入味又脆爽的口感。琢磨了很多次，才发现包菜一定要焯水后再炒，保证脆爽的同时又能很好地入味。

材料　包菜 500 克，五花肉 100 克，蒜、
　　　干辣椒适量

调料　盐 1 茶匙，糖 6 茶匙，生抽 1 汤匙，
　　　老抽 1 汤匙，醋 3 汤匙

❶

将包菜手撕成小块后焯水备用。

❷

五花肉切薄片，蒜切片备用。

❸

将干辣椒和蒜片入油锅爆香，倒入
五花肉炒至变色。

❹

倒入挤干水分的包菜翻炒出香味。

❺

最后倒入所有调料炒匀即可。

厨艺笔记

1. 包菜焯水后再炒才会有脆爽的口
感。但焯水的时间不能长，基本
变软后就要捞出过凉水，再挤干。
2. 喜欢吃辣的可以把干辣椒切开焖炒。
3. 调料可以提前准备好。
4. 包菜炒制的时间不能太长，否则包
菜会出水变软，影响口感。

杏鲍菇的百变吃法：鱼香杏鲍菇

　　因为儿子喜欢吃杏鲍菇，所以杏鲍菇常常以不同的形式出现在我家的餐桌上，或凉拌，或清炒，或酱烧，或炖汤，不管哪一种做法总能给我们带来惊喜！这道鱼香杏鲍菇是要极力推荐的，各种蔬菜的味道相辅相成，再混合各种调味料，那种鲜香浓郁的味道让蔬菜也变得滋味十足。

材料　杏鲍菇400克，胡萝卜100克，青、
　　　红椒各50克，葱适量

调料　盐1茶匙，糖2茶匙，香辣豆豉酱
　　　1茶匙，生抽2汤匙，醋半汤匙

❶

将杏鲍菇切小丁，入开水锅焯烫至软。

❷

将胡萝卜和青、红椒分别切丁。

❸

将油锅烧热，倒入胡萝卜翻炒至熟。

❹

倒入挤干水分的杏鲍菇和青、红椒，
并加入所有调料翻炒均匀。

❺

撒入葱花翻炒均匀即可出锅。

厨艺笔记

1. 杏鲍菇要焯水后再入锅炒，去除
   土腥味，也去除多余水分。
2. 香辣酱的量可以根据自家口味自
   由调节。
3. 醋的作用是增香提鲜，所以只要
   很少的量即可。

拿手宴客菜：干锅茶树菇

　　常在饭店吃到干香咸鲜的茶树菇，但不知道是怎么做的。自己回家琢磨着做了一下，居然成功了。茶树菇要做到干而香，就一定要把水分脱干，因此焯完水后应再油炸两遍。然后混上洋葱的香味，再裹上酱汁，饭店的那种干香咸鲜的味道就出来了。从此我便又多了一道拿手的宴客菜肴。

材料　茶树菇 350 克，洋葱半个，青、红椒各 30 克

调料　盐半茶匙，糖 2 茶匙，料酒 1 汤匙，生抽 1 汤匙，老抽半汤匙，醋半汤匙

①

洋葱和青、红椒切丝备用。

②

茶树菇焯水后用冷水冲洗干净并挤干水分备用。

③

将茶树菇入油锅炸两遍至酥脆。

④

另起油锅，倒入洋葱煸香，再倒入茶树菇以及所有调料炒匀。

⑤

出锅前加青、红椒丝炒匀即可。

厨艺笔记

1. 茶树菇焯水和油炸都是为了脱水，所以每一步都不能省。
2. 炸两遍才更酥脆，第二遍的油温要高些，但也不能炸过头，否则会影响口感。

图书在版编目（CIP）数据

蔬菜有滋有味 / 木可著. — 杭州：浙江科学技术出版社，2016.4

（在家做饭很简单）

ISBN 978-7-5341-7103-1

Ⅰ.①蔬… Ⅱ.①木… Ⅲ.①家常菜肴-菜谱 Ⅳ.①TS972.12

中国版本图书馆CIP数据核字（2016）第053270号

书　　名	在家做饭很简单：蔬菜有滋有味			
著　　者	木　可			

出版发行　浙江科学技术出版社
　　　　　　杭州市体育场路347号　邮政编码：310006
　　　　　　办公室电话：0571-85176593
　　　　　　销售部电话：0571-85176040
　　　　　　网　址：www.zkpress.com
　　　　　　E-mail：zkpress@zkpress.com

排　　版　杭州兴邦电子印务有限公司
印　　刷　浙江海虹彩色印务有限公司

开　　本	710×1000　1/16	印　张	9.75	
字　　数	150 000			
版　　次	2016年4月第1版	印　次	2016年4月第1次印刷	
书　　号	ISBN 978-7-5341-7103-1	定　价	32.00元	

责任编辑　王巧玲　　　　　**责任校对**　顾旻波
责任美编　金　晖　　　　　**责任印务**　徐忠雷
特约编辑　张　丽

更多浙科社
锦书坊好书：

《解馋肉香香》

《慧心写食》

《女人会吃，才更美》

《亲切的手作美食》

《臻味家宴》

《绝色佳肴》

以美食之名，
传递温暖与感动

因为懂得，所以相伴

锦书坊

赠
限量版明信片

关注浙科社锦书坊新浪微博，并随手拍下本书封面 @ 浙科社锦书坊，就会收到我们寄出的限量美食明信片一套！（先到先得，送完为止）

奖
精美餐具

关注浙科社锦书坊新浪微博，并随手拍下本书封面 @ 浙科社锦书坊，就能参与抽奖，奖品为本书作者木可送出的精美餐具一套！（详见浙科社锦书坊新浪微博）

官方微博　　微信公众号　　官方微店